Leopold-Joseph Fitzinger

Bilder-Atlas zur wissenschaftlich-populären Naturgeschichte

der Säugetiere

in ihren sämmtlichen Hauptformen

Leopold-Joseph Fitzinger

Bilder-Atlas zur wissenschaftlich-populären Naturgeschichte der Säugetiere
in ihren sämmtlichen Hauptformen

ISBN/EAN: 9783744682442

Hergestellt in Europa, USA, Kanada, Australien, Japan

Cover: Foto ©berggeist007 / pixelio.de

Weitere Bücher finden Sie auf **www.hansebooks.com**

BILDER-ATLAS

zur wissenschaftlich-populären

NATURGESCHICHTE DER SÄUGETHIERE

in ihren

SÄMMTLICHEN HAUPTFORMEN.

LEOP. JOS. FITZINGER.

WIEN.
AUS DER KAISERLICH-KÖNIGLICHEN HOF- UND STAATSDRUCKEREI.

1860.

Fig 1

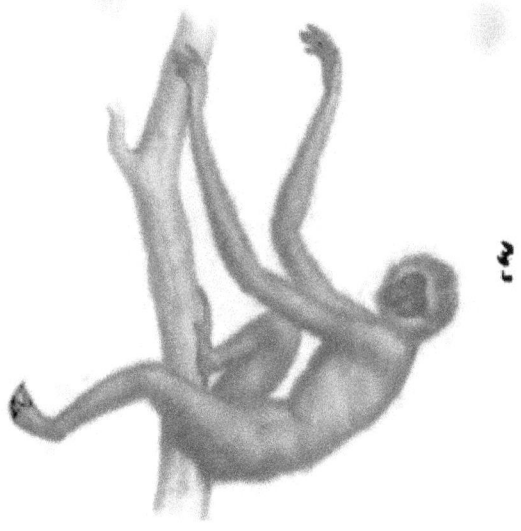

Fig. 2. *The Borneo the Orang Otan.* *Comes Satyrus* Fig. 3. *The young Gibbon.* *Hylobates leuciscus*

Fig 1

Fig 2

Fig. 1

Fig. 2

Fig 1. *Der Rosenaffe. Colobus badius n.* — Fig. 2. *Der Rosenaffe oder Colobus Temmynchinus Bennet*

Fig. 1. Der Mann · (Cercopithecus Mona)
Fig. 2. Der Schweinsaffe (Macacus nemestrinus)

Fig. 10

Fig. 11

Fig. 10 Der schwarze Bartaffe oder Wanderu (Macacus Silenus)
Fig. 11 Der gemeine Magot oder türkische Affe (Inuus ecaudatus)

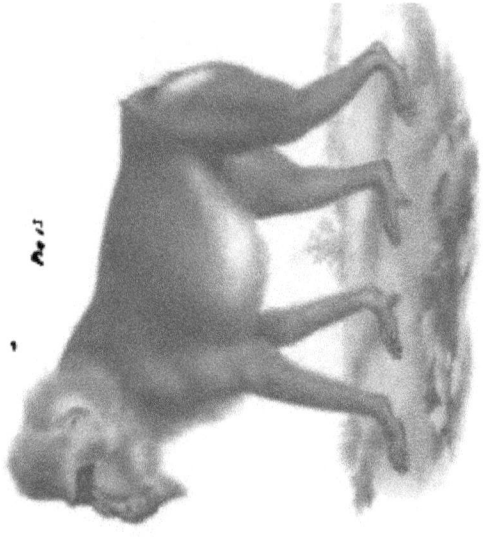

Fig 13

Fig 13

Fig.13 Der Rote Pavian oder Churun.   Cynocephalus porcarius   Fig.12 Der große Mandrill   Plate 14 . . .

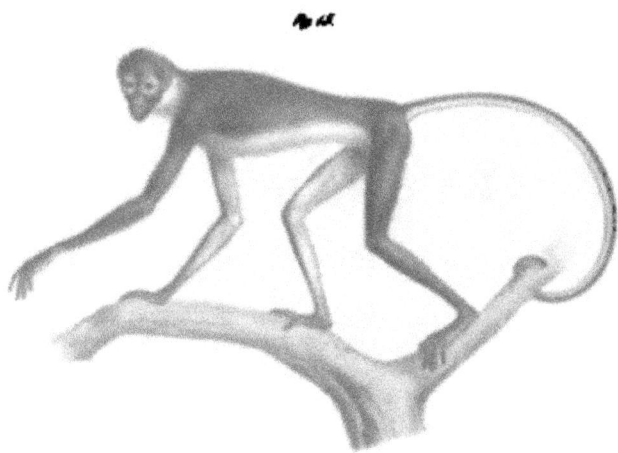

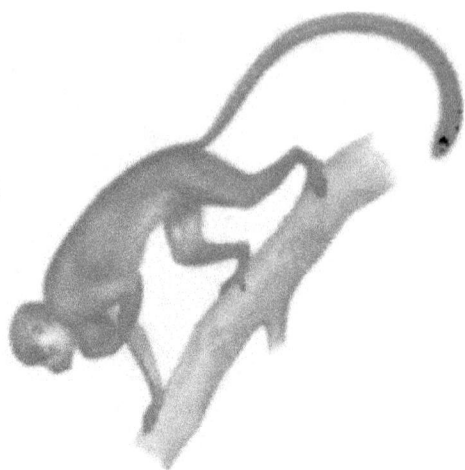

Fig 30.

Fig 31.

s

Fig 77.

x

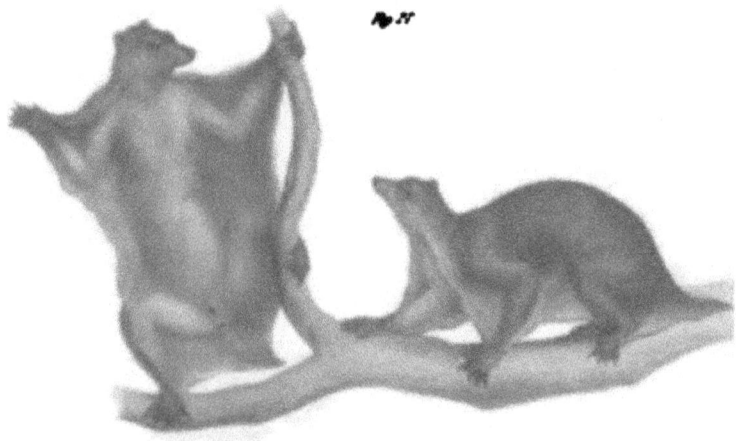

Fig 36. Der Maholi oder grosser Galago   (Otolicnus Galago)
Fig 37. Der rothe Plumpmaki   (Stenops tardigradus rufus)   Dad... ... ...

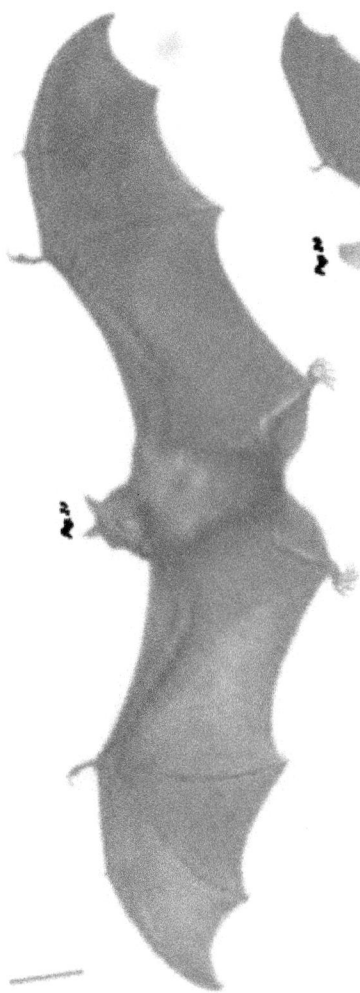

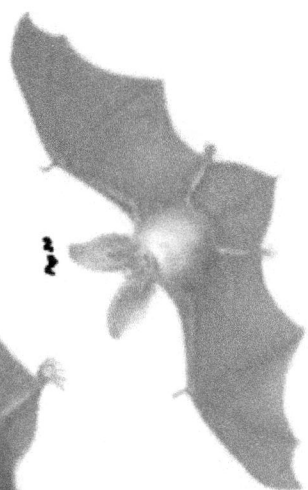

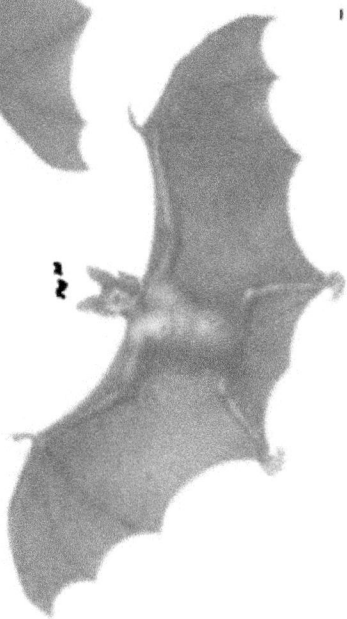

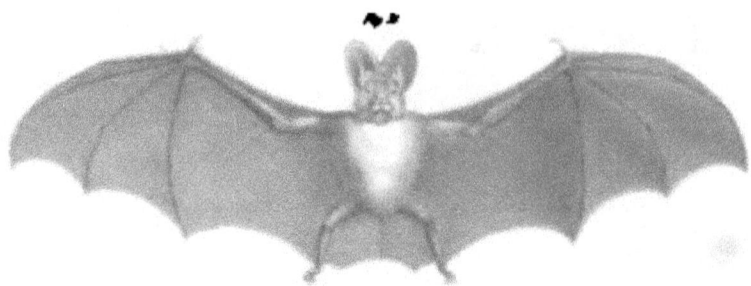

Fig. 3

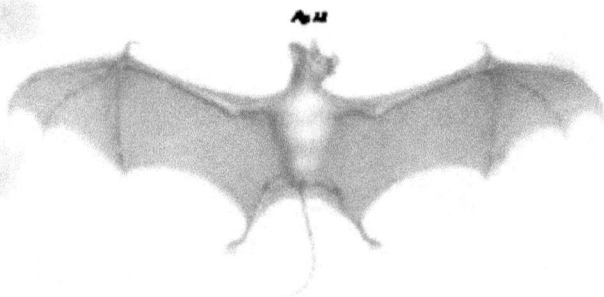

Fig. 4

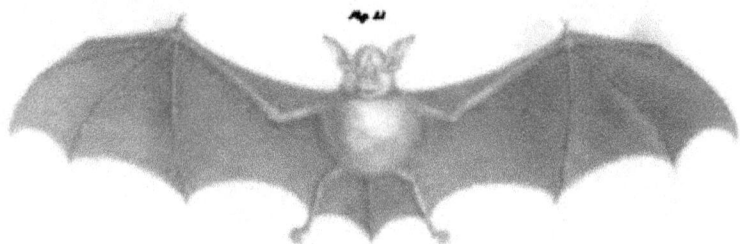

Fig. 5

Fig 25

Fig 26

Fig 25. Der grosse Windhund (Canis Sagax)
Fig 26. Der Bullenbeißer (Canis Molossus)

Fig. 40

Fig. 41.

Fig. 40 Der grauesc .... (*Canis ausrrus*) *Schakal*.
Fig 41 Der enurros Verbe (*Canis vulgaris*) (*Fuchs*.)

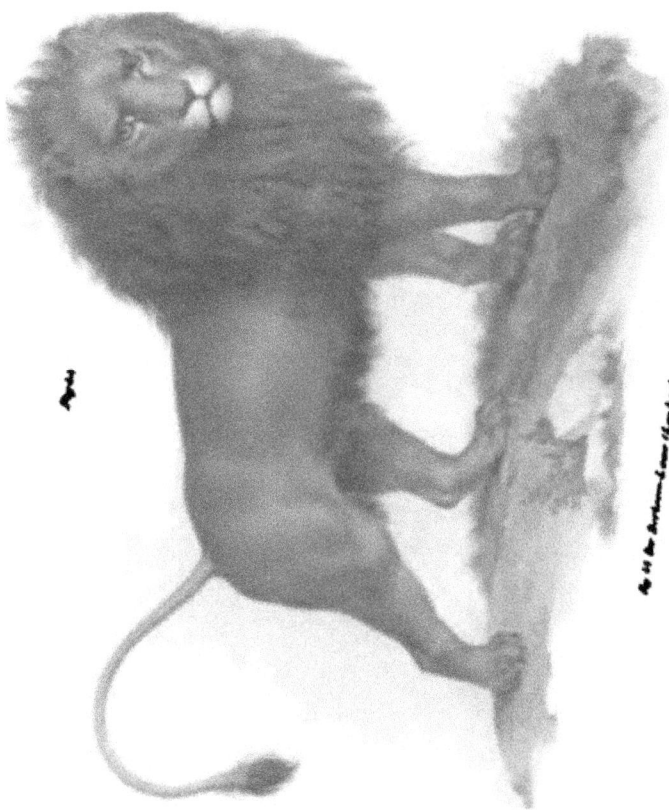

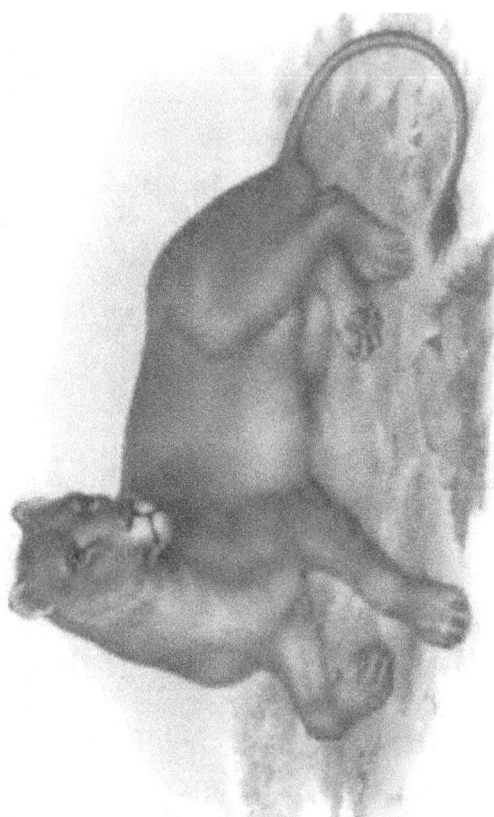

Fig 3.1 Amphicyon, Lower Miocene, France

Fig 16 Der fliegende oder Liemanger (*Felis cardieri*) ....

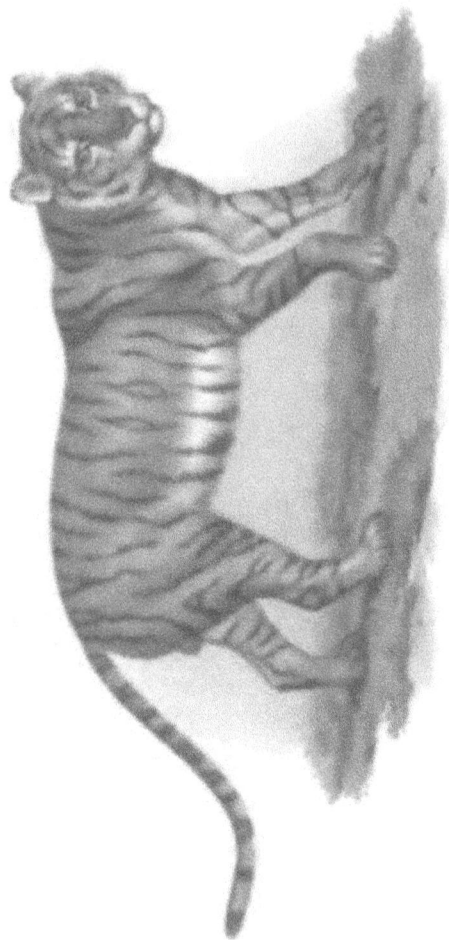

Fig. 6. Der Tiger mit Beute *(Felis Tigris)*

Fig. 29

Fig. 30

Fig. 29. Der Pardelkatze oder der Ozelot.   Felis pardalis. (...)
Fig. 30. Der Serval.   Felis serval.

Fig. 32. Die Wildkatze oder die edle Katze (Catus ferus)
Fig.33. Die Hauskatze oder die zahme Katze (Catus domesticus)
a) Die spanische Katze (Catus domesticus hispanicus)
b) Die Dreifarbige-Katze (Catus domesticus tricolor)
c) Die Cyper-Katze (Catus domesticus striatus)

Fig. 34.

Fig. 35.

Fig 34 Der abessinische Lepard oder Jagd-Leopard (Gueparus guttatus) Jacmi...
Fig 35 Der grauere hacke Hyena vulgaris Lema en Lema trachi

Fig. 35

Fig. 36

Fig. 35. Der Pinsler oder schleichende Schleichkatze;   Viverra Civetta   ... /4
Fig. 36. Die oder der amerikanische Rüsselbeere;   Viverra Rabalus;   .

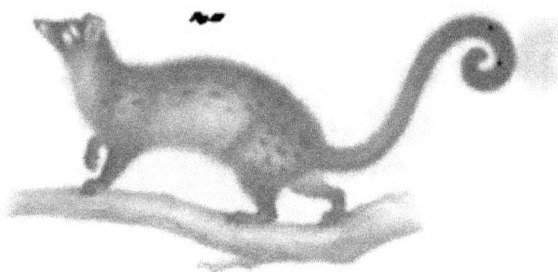

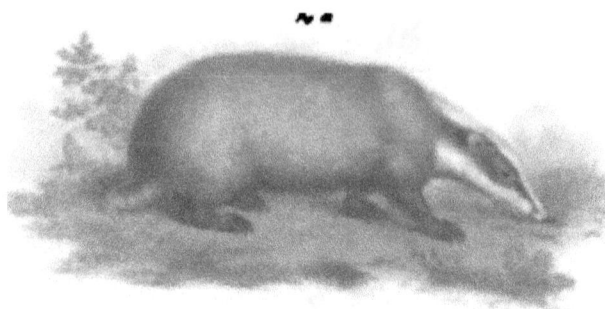

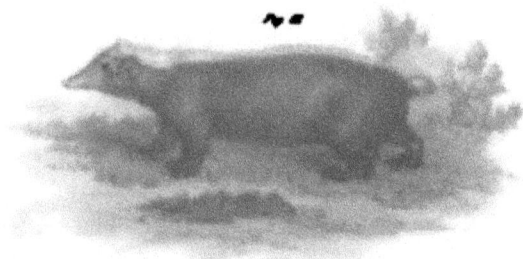

Fig. 44.

Fig. 45.

Fig. 46.

Fig. 44. Der afrikanische Zorilla oder der grosse Stinkthier. . . . .
Fig. 45. Der saguado oder Honig-Dachs. . . . . *Gulo capensis.*
Fig. 46. Der Grison oder paziensche Iltis. . . . . *Galictis vittata.*

Fig. 1. Der grosse Vielfrass   - Gulo arcticus - - - - -
Fig. 11. Der grosse Pardelthier   - Hava vulgaris - - - -

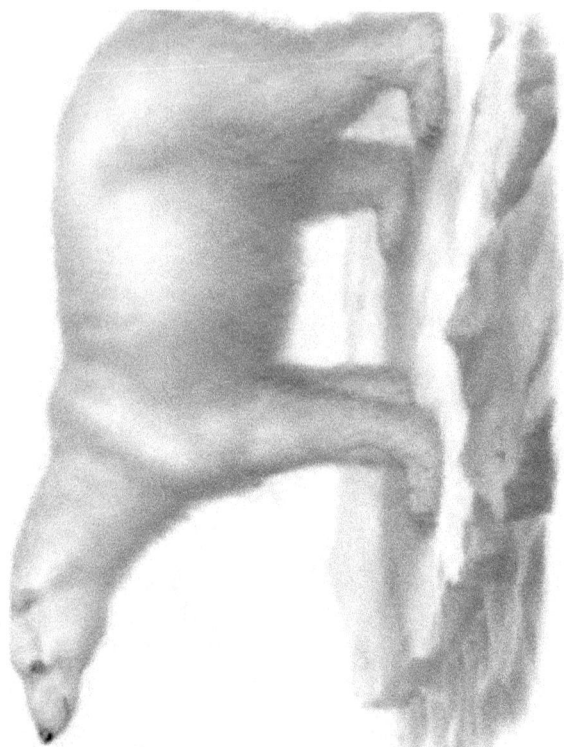

Fig. 13 Der weiße Polar- oder Eisbär (Thalassarctos maritimus, L.) [illegible]

Fig. 12. — de grandeur régulière. — Cordalas, fichme.

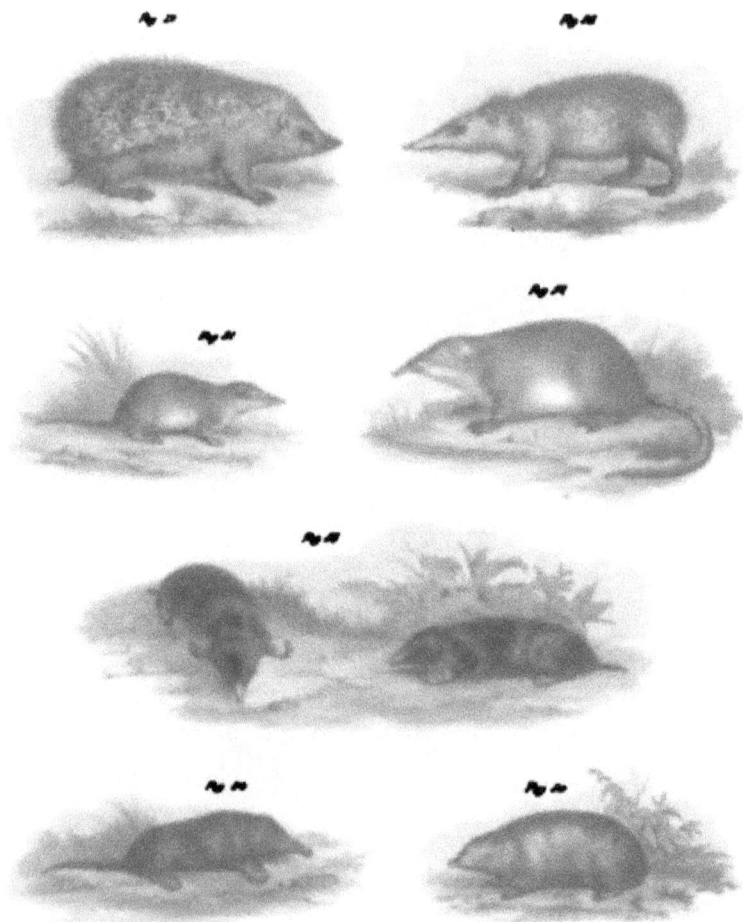

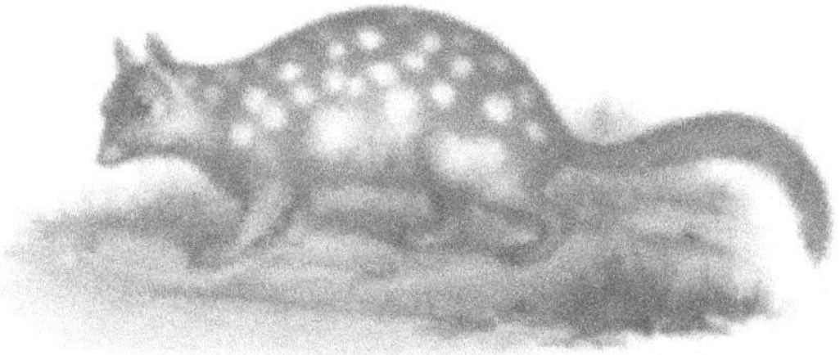

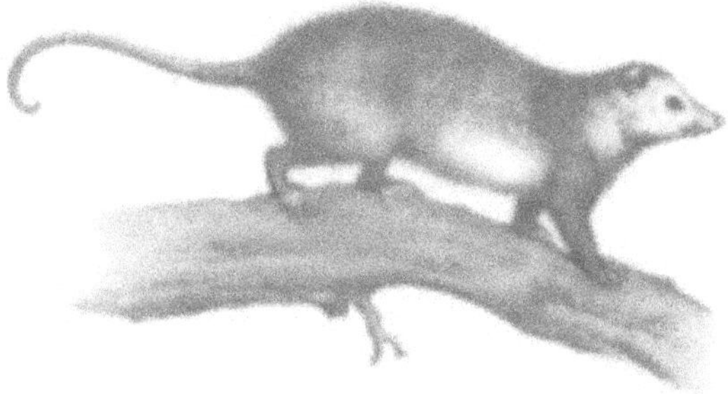

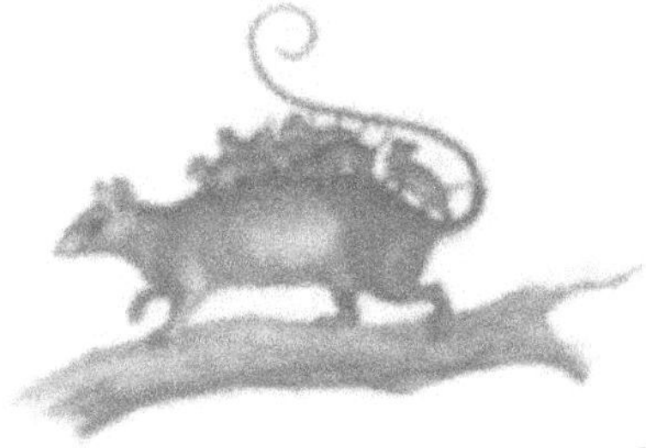

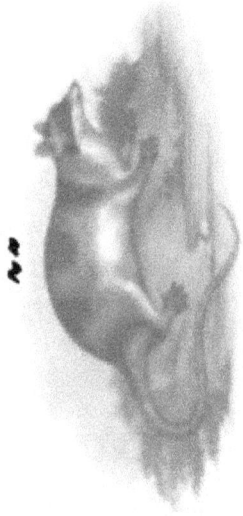

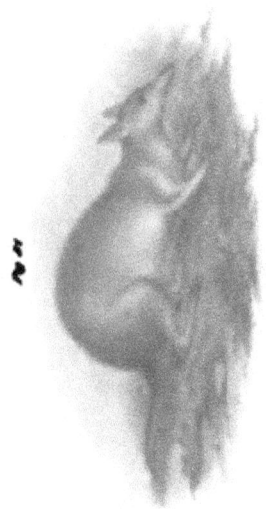

Fig 62 Der gefleckte Schnabeligel (Tachyglossus aculeatus) Fig 63 Der kurznasige Ameisenbeutler (Myrmecobius fasciatus)
Fig 64 Der spitzmäusige Beutelratte (Dasyurus viverrinus) Fig 65 Der schlanke Baumbeutler (Phalangista) 62.

Fig 53

Fig 54

Fig 55

Fig 53 Der Flinke Phalanger   (Phalangista volpina)
Fig 54 Der graue Koale   (Phascolarctos cinereus)
Fig 55 Das kurz schnäuzige Potoru oder die kängguru-Ratte   (Hypsiprymnus murinus)

Fig. 46.

Fig. 47.

Fig. 46. Das Riesen-kanguru   Macropus giganteus   Kanguruh

Fig. 47. Das gemeine Beutelratze oder der Bandul   (Phascolomys Wombat)   Wombat

Fig. 62. Das braune Wickelhörnchen oder das Bakkersmaki (Phascomys marsupium americanum Brandt)
Fig. 63. Das grosse Flugbeutlerthier oder der Taguan (Pteromys Petaurista)

Fig. [illegible] [illegible]
Fig. [illegible] [illegible]

Fig. [illegible] Das gemeine Eichhorn (Sciurus vulgaris) [illegible]
Fig. [illegible] Das gestreifte Erdeichhorn oder der Burunduk (Tamias striatus) [illegible]

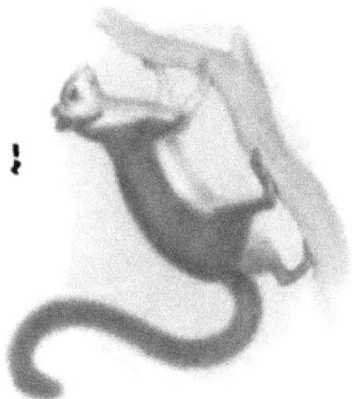

Fig 494. Der quererus anter Wird Bauerl   Spermophebelus Wildtier.
Fig 495. Der kergunction Bauerl   (Spermophebelus Waste.)
Fig 496. Dain Alpen Marmelthier   (Arctomys Marmota.)
Fig 497. Der maschahr Pfeilenrurus   (Arvanys nasolenus.)
Fig 498. Der grauere Krumbucahl   (Bathgangus aventernus.)
Fig 499. Der graue Bluckwahl   (Spenlea Ppyakind.)

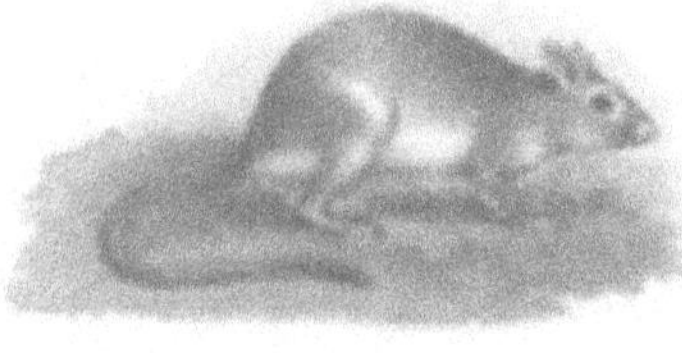

Fig. 140. Der graue Schlaf oder Siebenschläfer (Myoxus Glis).

Fig. 141. Der gemeine Gartenschläfer oder der große Baumschläfer (Myoxus Nitela, Gmel. var.).

Fig. 142. Der rothe oder kleine Baumschläfer (Muscardinus avellanarius, Kaup u. s. w.).

Fig. 143. Der westasche Avicantpus (Microtus arvensis).

Fig. 144. Der dunkle Wasserratz oder Hüttenratz (Arvicola arvensis).

Fig. 115

Fig. 116

Fig. 118

Fig. 117

Fig. 119

Fig. 120

Fig. 121.

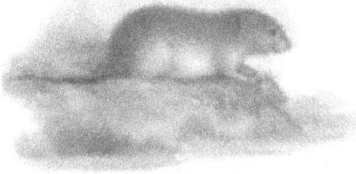

Fig. 122.

Fig. 123.

Fig. 124.

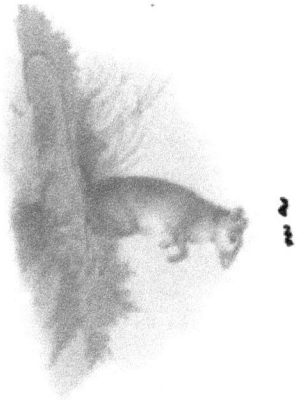

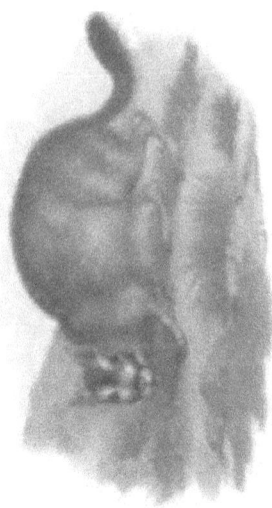

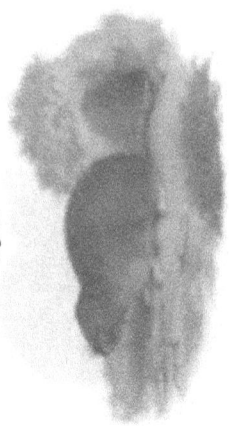

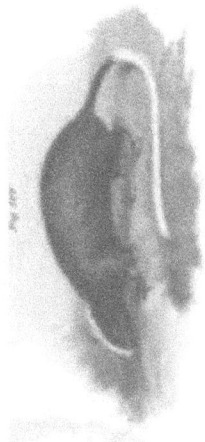

Fig. 551

Fig. 554

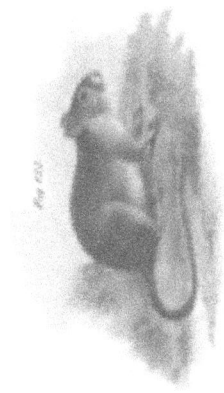

Fig. 552

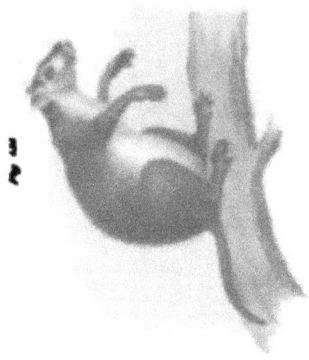

Fig.

Fig 551 ist die sogenannte
Fig 552 ist gemein Eichhörnchen auf dem Sprunge zur
Fig 553 die schwebende Eichhörnchen wen
Fig 554 die scheidbande, gelbbäuchige von dem Oberkörper

Fig. 31.

Fig. 32.

Fig. 139

Fig. 140

Fig. 141

Fig. 142

Fig. 139 [illegible] Fig. 140 [illegible]

Fig. 141 [illegible] Fig. 142 [illegible]

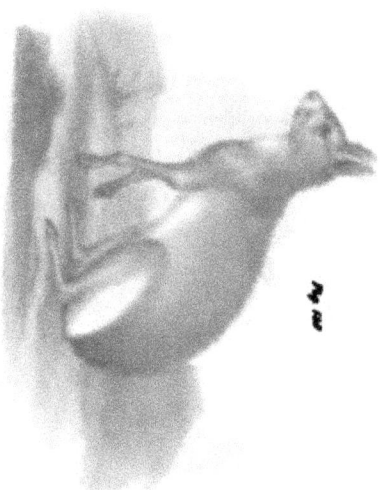

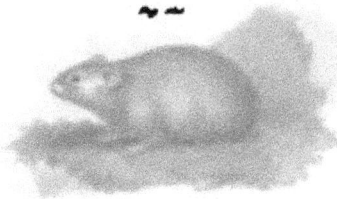

Fig. 160.   *Fig. 161.*

Fig. 162.

Fig 143

Fig. 143 Das Faulthier oder Lupus ni Faulthier   Bradypus tridactylus
Fig. 144 Der heutige Armadill oder das achtgurtelige Gurtelthier   Dasypus octocinctus
Fig. 145 Das stinkende Borstel-Gurtelthier   Chlamyphorus truncatus

Fig. 1.? *Das reguläre Erdferkel.*   *Orycteropus capensis*
Fig. 2.? *Der netze Ameisenfresser.*   *Myrmecophaga setosa*

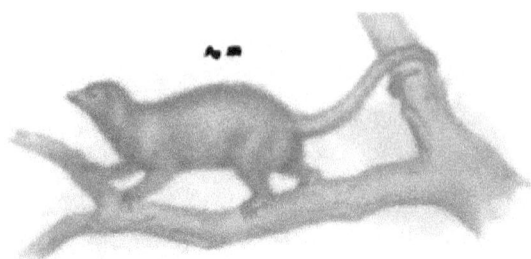

Fig. 50

Saurs *Fig. 51*

— *Amatores* —

Fig. 52

Fig. 53

Fig. 50. Der vierzehige zierliche Kletterer Myrmecobius fasciatus. Fig. 51. Der langschwänzige geschuppte Manis macrodactyla
Fig. 52. Der stachelige Ameisenigel Echidna hystrix. Fig. 53. Der braune Schnabeltier Ornithorhynchus fuscus

Fig. [illegible]

Fig. [illegible]

Fig. [illegible]. Der zweifarbige oder indische Tapir. [illegible]. Fig. 167. Der capische Klippschliefer. Hyrax capensis.

Fig. 44.

Fig. 45.

Fig. 44. Das Schwein oder Hausschwein — Sus Scrofa domesticus
Fig. 45. Der wilde Eber oder Bärschwein — Porcus Bärgschwein

Fig. 117

Fig. 118

Fig. 117. Der afrikanische Warzenschwein. *Phacochoerus*. Links.
Fig. 118. Das wunderbare Hirscheber oder der Babirussa. Celebes.

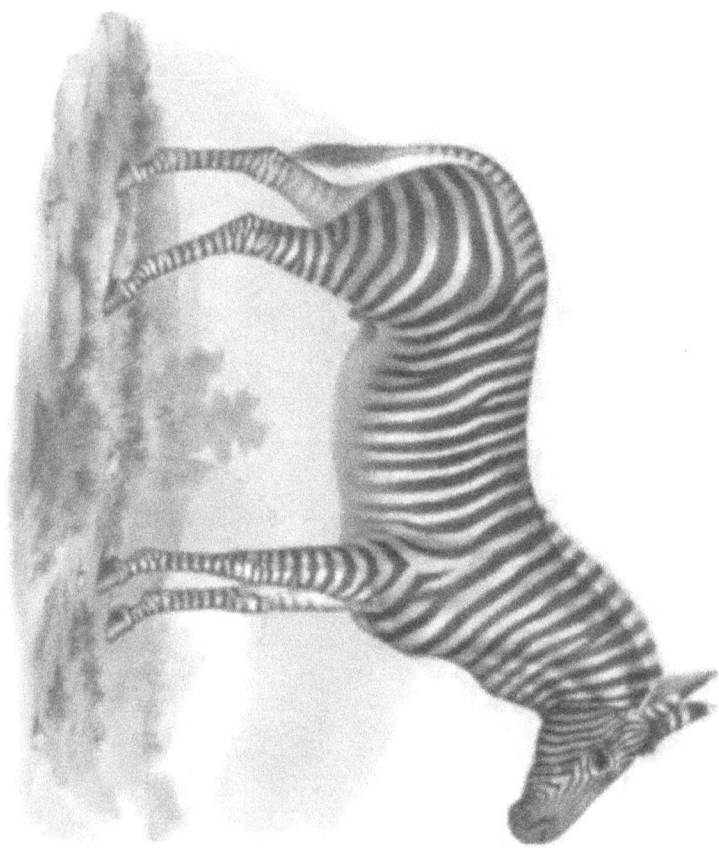

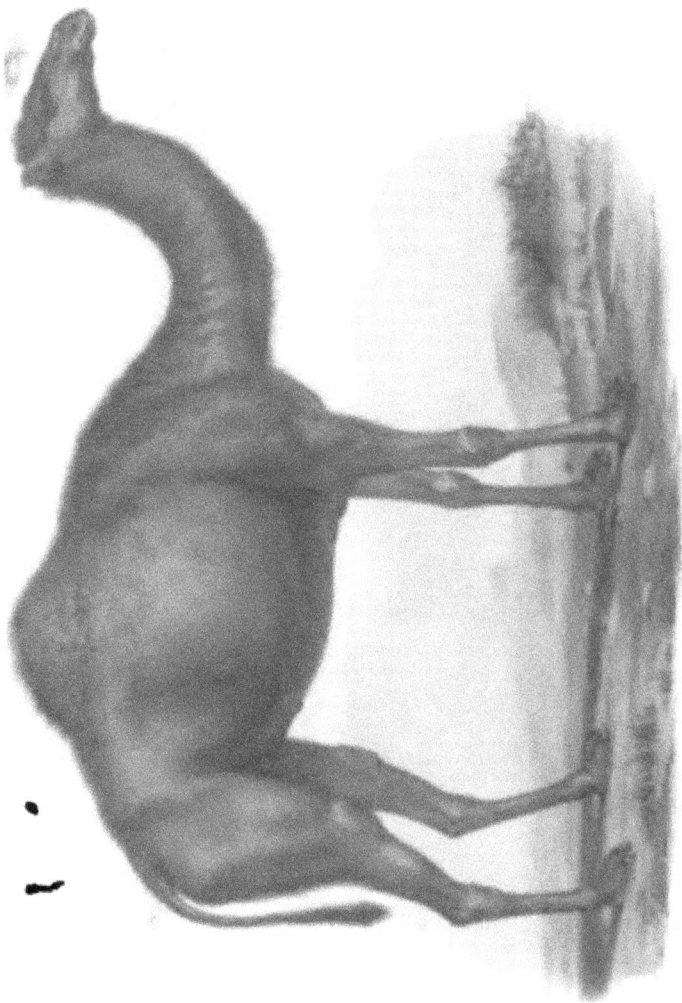

Fig. 46. Der natürliche Stand der Dromedar (Camelus dromedarius).

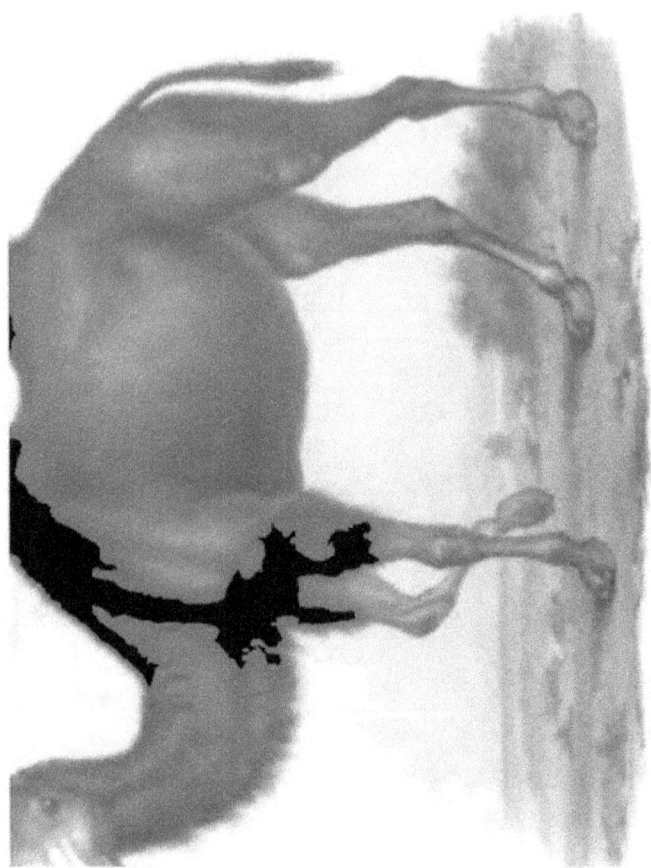

Fig. 49

Fig. 50

Fig. 49. *Des naturae nhr nhfe Hbahnnthar . Haratae naahhntan*
Fig. 50. *Sta pnnnndn hrng. Hbahnnthar 'Bagalan bnndnt '*

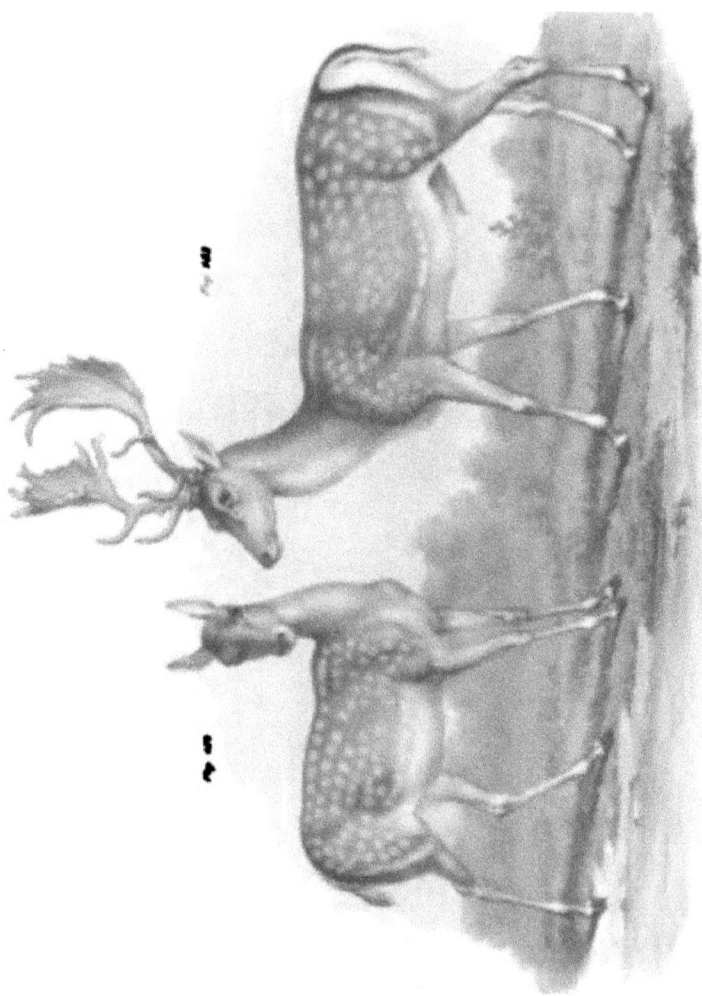

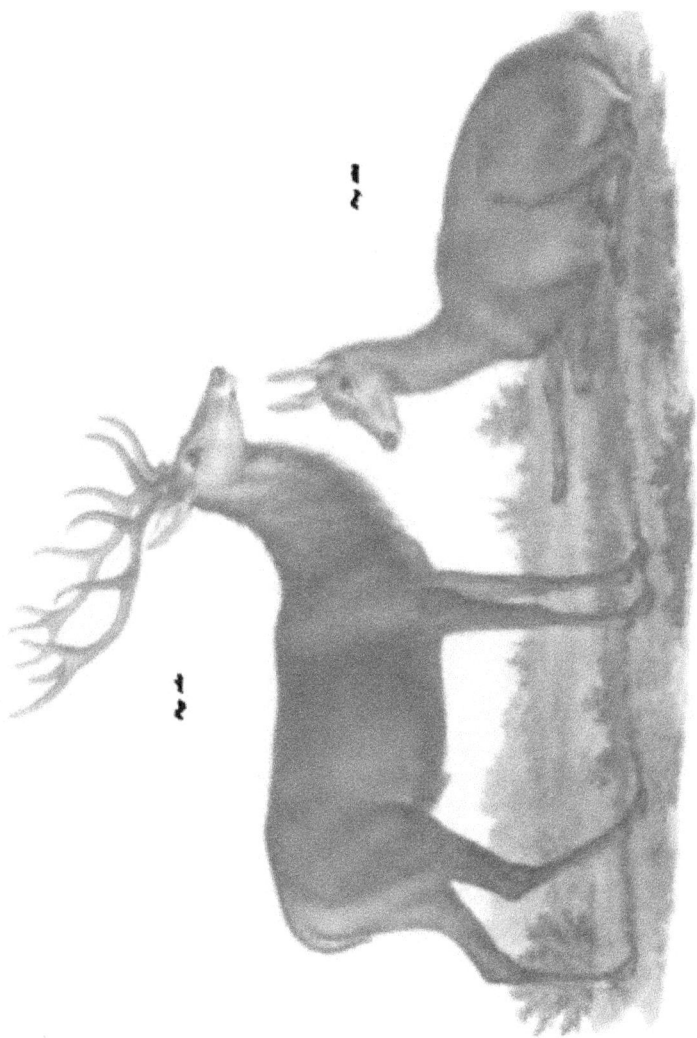

Fig. 185. Das Edelwild (Cervus Elaphus): Der Hirsch

Fig. 186. Das Edelwild (Cervus Elaphus): Das Weibchen

Fig 100 Der grosse Reh (equisetum vulgaris) Das Männchen
Fig 101 Der kleine Reh (Cervulus arboreus) Das Weiblein

Fig. 204

Fig. 205

Fig. 204. Der braune Sporn-Bantik. Aulacodus swinderenianus.
Fig. 205. Der rothbraune Bantik. Das Weibchen.

Fig 64 La grande Giraffe   Camelopardalis Giraffa

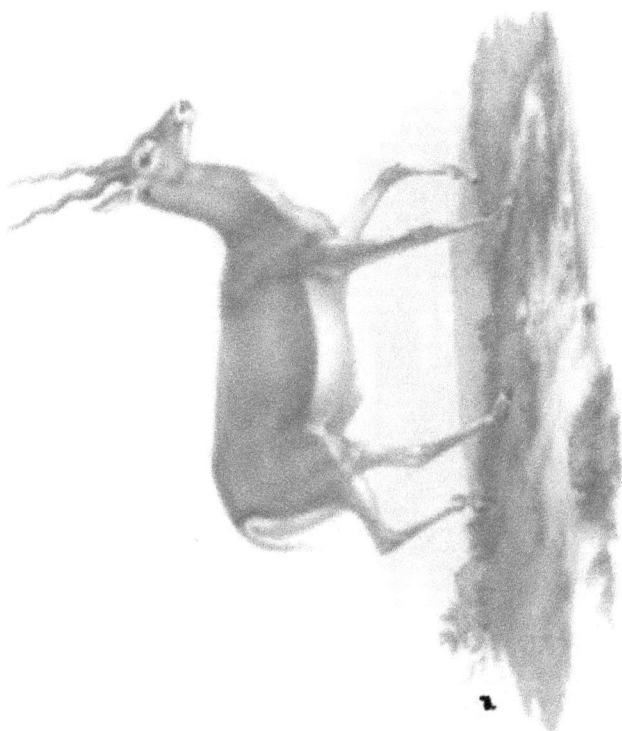

Fig. 28. Das Braune Bandengan Antelope (*Cervicapra bennettii*)

Fig. 188

Fig. 48

Fig 188. Der kurzhörnige Gazelle   (Gazella leptoceros)
Fig 48. Der grossbärtige Gazelle   (Gazella Dorcas)

Fig. 314.

Fig. 315.

Fig. 314. Der glatte Sand-Antilope, nat. a. d. Steelbock. Gattung Pantholops.
Fig. 315. Der erhöhte Steinal-Antilope. Cephalophus-Abbasia.

Fig. 160. Der ungeschwänzte Bradel (capra lalithops mit ihr horn). Urmuaflineidax horon
Fig. 161. Der wonroar hraser. Bommain (apalls.)

Fig. 93. Der zottige Hausziege   Hircus Capra villosa   Das Männchen
Fig. 94. Der unbehaarte Hausziege   Hircus Capra hircus   Das Weibchen

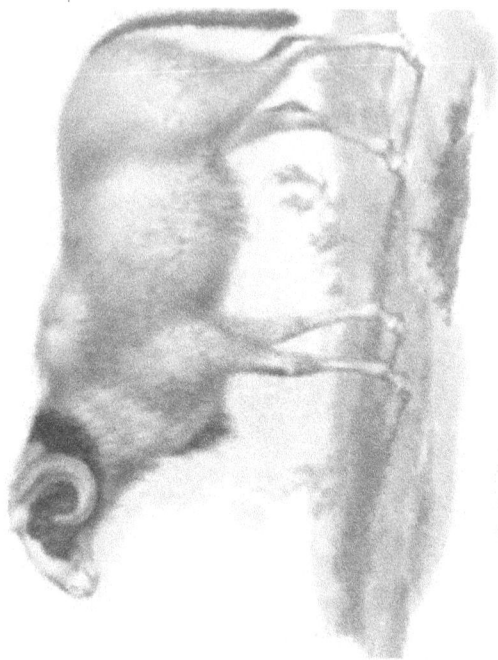

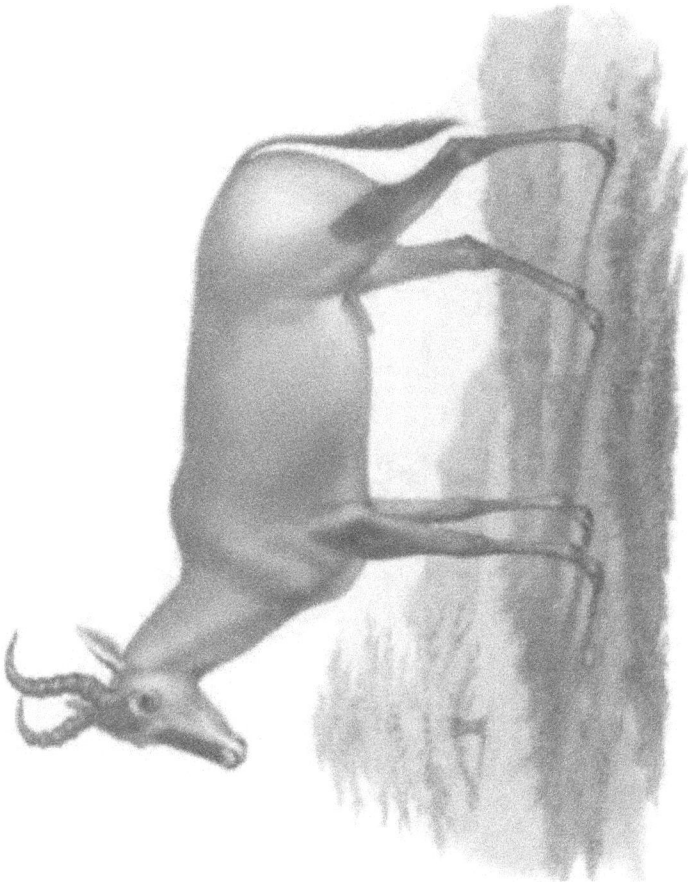

Fig 103.

Fig 104.

Fig 103. Der kaschmir Ziege (Hircus Lanigar)
Fig 104. Der nubische Ziege (Hircus Mambricus)

Fig 246

Fig 247

Fig 246. Das Cretinschaaf. (Ovis Platyura.)
Fig 247. Das breitschwänzige Schaaf. (Ovis Steatopyga aretica.)

Fig. 29.

Fig. 30.

Fig. 29. Ram with horns, the Soay sheep from a specimen exhibited in the Museum.

Fig. 30. Ewe with smooth hornless head, from a specimen exhibited in the Museum.

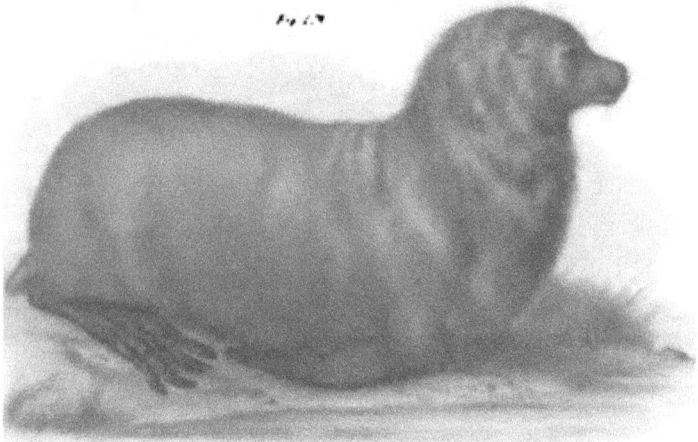

Fig. 4.?

Fig 8.?? Der Seehhund. Sommerthier oder der südliche Seiser (Arctocephalus leichenensis).
Fig 879 Der sonstiges Löwenseehhund oder der südliche Seiser (Otaria ceharis). (43...)

Fig. 251.

Fig. 252.

1. 35. Das grönländische oder heutsche eine   Das andere gewimmerte no
2.   Das geschwänzte halbwild   die gehaarte erdeähnliche Eisse   der se   Nayun
3. 37 .. Das seerobbe das blut weratele   Die ermaceze weghalmet .

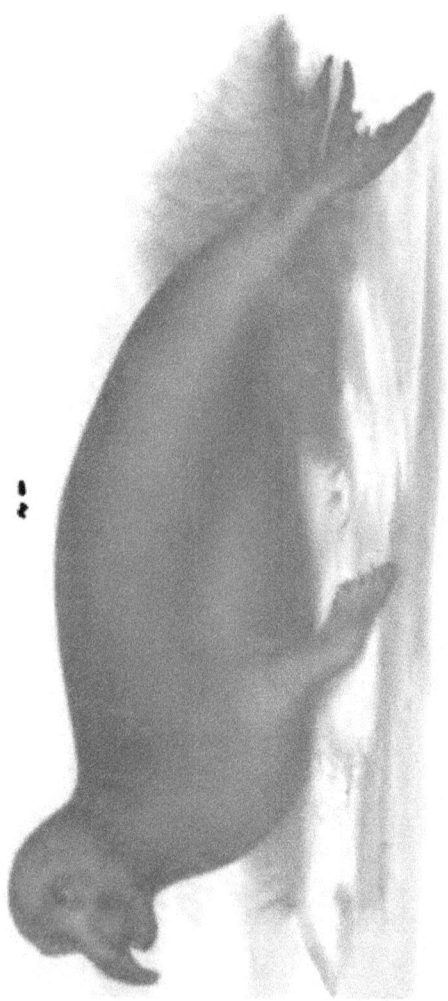

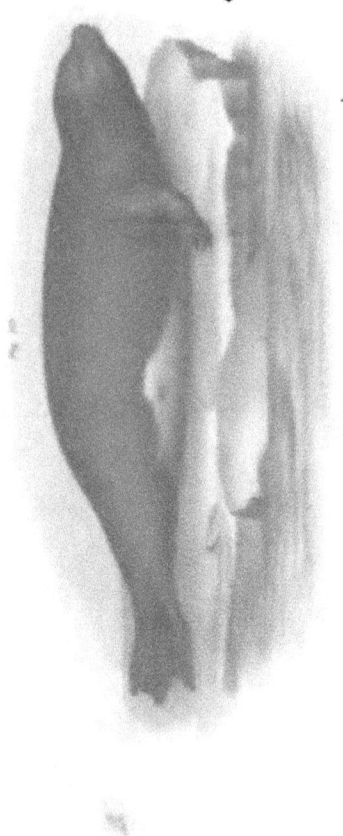

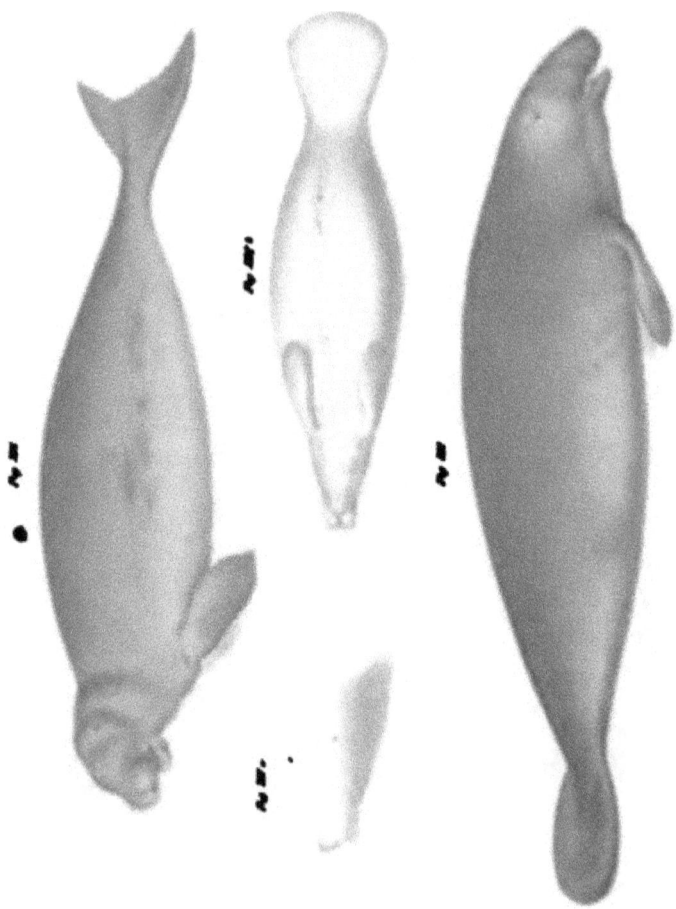

Fig 132 the manatee *Trichechus* (*Trichechus manatus*) &.
Fig 133 for otherwise-living knowledge etc. Manus (*Trichechus manatus*) : : .
a) the find   b : die l'oreagma

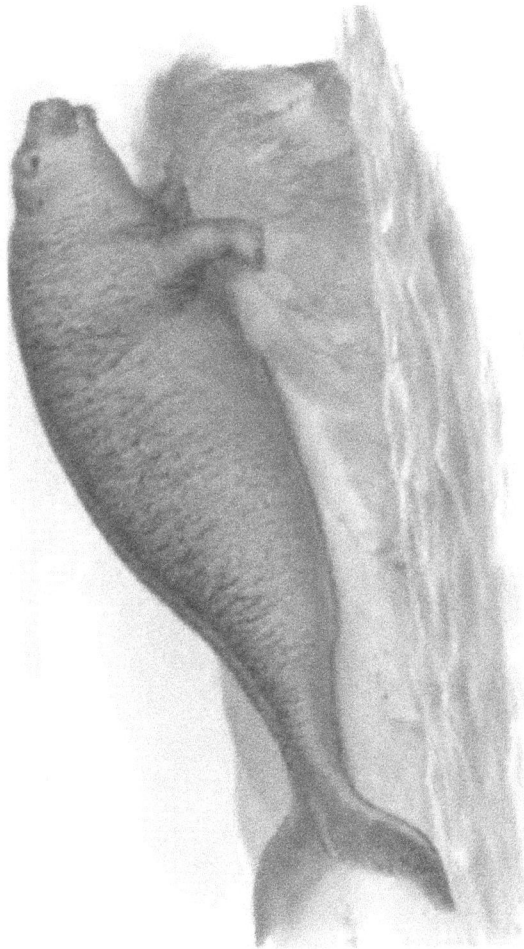

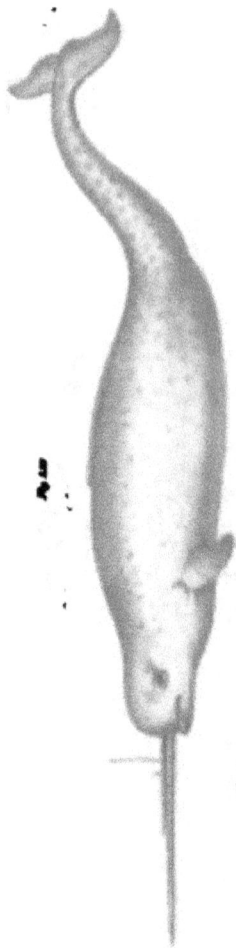

Fig 113 the greenland narwal (*Monodon Monoceros*)

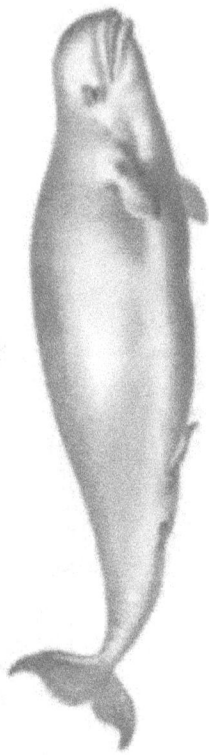

Fig 114 the caaing Whale (*Delphinus globiceps* or *Globiocephalus melas*)

Fig 7½

Fig 9½8

Fig 9½9

Fig 9½0

Fig 7½: Der spitze breit Delphin   Globicephalus phalaenopus
Fig 9½1 Der gemeine Meerschwein oder d. Braunfisch   Phocaena communis
Fig 9½2 Der gemeine Delphin   Delphinus delphis
Fig 9½3 Der accentutorische Schnanzen oder kumännische Delphin   Inia sinensis

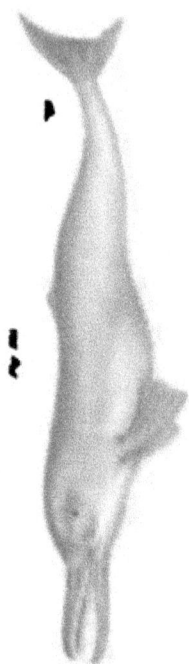

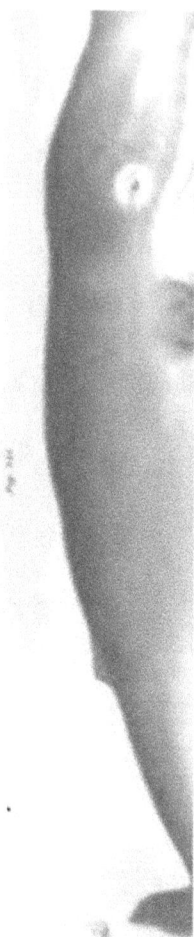

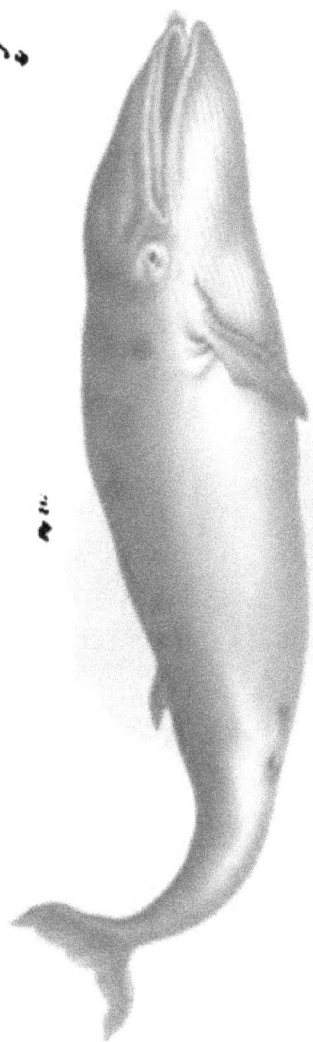

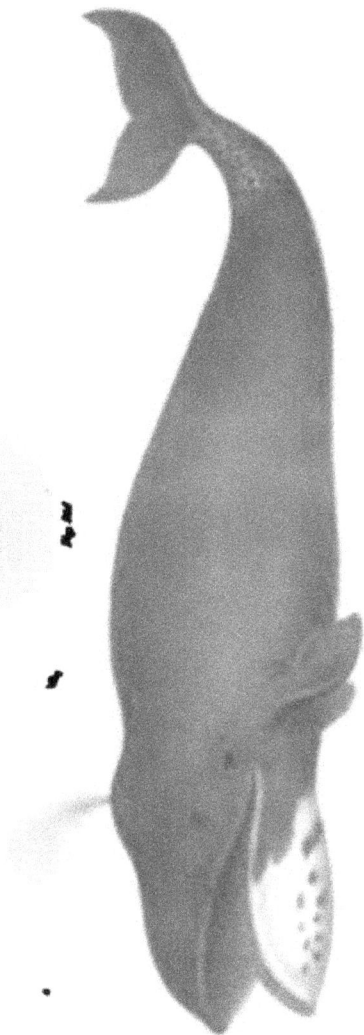

* 9 7 8 3 7 4 4 6 8 2 4 4 2 *